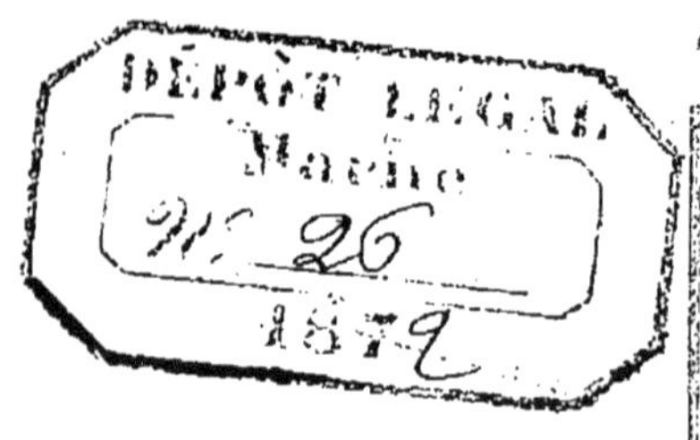

EXCURSION

DANS LES

ENVIRONS DU DYR

EXCURSION

DANS LES

ENVIRONS DU DYR

EN ALGÉRIE

LETTRE A MON PÈRE

PAR

CHARLES-AMAND GUICHARD

GARDE-PRINCIPAL DU GÉNIE, CHEVALIER DE LA LÉGION-D'HONNEUR.

CHALONS

IMPRIMERIE T. MARTIN, PLACE DU MARCHÉ-AU-BLÉ 50

1872.

EXCURSION

DANS LES

ENVIRONS DU DYR

EN ALGÉRIE

DÉPART

MON CHER PÈRE,

On appelle Dyr, une grande et haute montagne située dans les environs de la ville de Tébessa.

La ville de Tébessa, qui se trouve à cinquante-quatre lieues sud-est de Constantine, fut anciennement une grande et opulente cité, appelée Theveste, capitale de la Numidie du temps des Romains.

Le sommet du Dyr forme un plateau d'environ trois lieues de longueur, sur une lieue et demie de largeur.

Ce gigantesque et magnifique plateau est entouré à sa partie supérieure d'une immense muraille de rochers entièrement à pic, d'une hauteur moyenne de soixante-dix à quatre-vingt mètres.

Cette célèbre et mystérieuse élévation, décharnée, telle qu'elle a été soulevée des entrailles du globe, est le point le plus élevé de toutes les montagnes de ces contrées.

Son altitude, c'est-à-dire son élévation au-dessus du niveau de la mer, est de deux mille mètres, et son extrémité sud se trouve située (1) à cinq lieues est de Tébessa.

(1) Près de la frontière de la Tunisie.

Les environs de cette énorme montagne sont habités par la tribu des Ouled-Sidi-Yahia-ben-Taleb, et sur son versant septentrional, un Caïd, Mahomet Lakdar, d'une famille des plus nobles, des plus influentes et des plus riches de cette contrée, y a fait construire un magnifique bordj (maison fortifiée).

Depuis longtemps, j'avais entendu parler de cette étendue de terrain, si majestueusement fortifiée par la nature, et, depuis mon arrivée à Tébessa, j'avais désiré visiter ses environs tant vantés et si pittoresques.

Plusieurs fois, cette curieuse excursion avait été projetée, à certains jours, avec des amis; mais tantôt c'étaient les affaires des uns et des autres qui y mettaient empêchement, et tantôt, les chaleurs ou le mauvais temps.

L'hiver approchant et paraissant devoir être rude, comme je connaissais très-amicalement le caïd Aly qui administre actuellement ces contrées, et qu'il m'avait invité plusieurs fois à aller lui faire une visite, ainsi qu'à ses administrés et à ses montagnes, je me décidai d'y aller seul, avec mon hacem, mon cicerone, mon interprète habituel.

M. Keifer, employé au bureau du génie, voulut être du voyage, mais à une condition, c'est que je l'accompagnerais jusqu'à la petite rivière Oued Horrire, qui passe à cinq kilomètres est du bordj, pour y pêcher.

Comme il connaissait le pays, c'était alors non-seulement un bon camarade, mais un bon compagnon; j'acceptai sa proposition avec plaisir.

Il fut convenu que nous partirions le dimanche suivant, qui était le surlendemain, à six heures du matin, c'est-à-dire dès le point du jour.

Nous procédâmes immédiatement aux préparatifs du voyage.

Malgré nos sévères conventions, notre départ fut retardé d'une heure; mais nous la regagnâmes en vitesse, aux dépens des jambes de nos chevaux arabes pur sang de la Numidie, en traversant la plaine de Tébessa.

C'était le jour du marché, et de tous côtés nous apercevions des burnous blancs portés par des Arabes s'y rendant pour y vendre leurs produits.

Nous rencontrâmes beaucoup de ces vendeurs; mais quels pauvres et tristes vendeurs, mon cher Père! Les uns portaient deux ou trois poules pendues sur leurs dos; d'autres, une douzaine d'œufs dans le capuchon de leurs sales burnous moitié en lambeaux, et d'autres conduisaient de petits ânes chargés de quelques bûches de bois ou de petits sacs de grains; tous venaient de trois, six, huit lieues.

Parmi ces piteux producteurs, il y en avait de jeunes, grands et forts, mais il y avait aussi des vieillards à barbe blanche, montés en croupe sur des ânes, ayant l'air de vieux patriarches déguenillés, et levant la tête avec beaucoup de dignité.

Plusieurs d'entre eux, parmi ces derniers surtout, étaient tournés en arrière, afin de présenter la face du côté de l'astre du jour qui venait de se lever, pour réciter leurs prières dans cette position, et, au lieu de baiser la terre à chaque instant, comme ils le font d'habitude en priant l'Etre suprême, ils baisaient la partie postérieure de leurs petites et frêles montures.

Lorsque nous fûmes au pied de la chaîne de montagnes qui limite la plaine de Tébessa dans toute sa longueur, nous rencontrâmes le Cheik (maire arabe), Mahomet Boussela, lequel je connaissais amicalement; il me salua d'abord gracieusement en prononçant un long salamalec (comment cela va-t-il?), et en portant la main sur son cœur; puis il m'apprit que le lieutenant, M. Valle, du bureau arabe de Tébessa, ainsi que le caïd Aly, se trouvaient au bordj.

C'était une bonne nouvelle pour moi, car j'étais alors certain que je scrais suffisammont protégé et brillamment traité par ces deux amis.

Arrivés sur la montagne, nous commençâmes d'abord à apercevoir le sommet ébréché des majestueuses fortifications du Dyr, avec leurs longues arêtes, leurs pics dentelés, qui occupaient mes regards par la variété de leurs formes, qui se détachaient admirablement sur l'azur du ciel; puis leurs pieds, puis leurs versants; puis enfin, les environs bosselés et accidentés se déroulèrent devant nos yeux.

Je jetai alors là un cri d'admiration, j'étais enthousiasmé.

Ce qui me surprit si agréablement, ce fut de voir tous ces terrains bouleversés et sillonnés de ravins profonds, s'enchevêtrant les uns dans les autres, couverts de douars (villages de tentes), disséminés sur toutes les crêtes et parsemés de charrues traçant leurs faibles sillons.

En traversant ces champs cultivés, je regardai de tous côtés, comme doutant que je fusse en Afrique.

J'étais loin de m'attendre à voir un pays si montagneux être aussi intéressant, aussi peuplé et aussi cultivé que nos meilleures contrées de France.

C'est là que je vis, pour la première fois, un Arabe, à demi nu, aiguillonner deux petits bœufs chétifs traînant une charrue.

Un peu plus loin, je vis aussi, pour la première fois, un de ces misérables et vaillants agriculteurs se servir d'un chameau pour labourer la terre.

Cette dernière bête de somme a également été employée anciennement comme bête de trait pour la charrue, car j'ai trouvé, il y a quelque temps, dans les ruines des environs de Tébessa, un petit bloc de pierre sculptée, représentant un Numide (anciens habitants de ces contrées) labourant avec un chameau.

Oh! mon cher Père, combien les grands sites et les merveilles de la nature émeuvent et impressionnent, et combien l'étude des nations captive et enchante!

Pourquoi ces belles plaines que j'ai traversées, si riches du temps des grands conquérants romains, témoins leurs nombreuses ruines, et qu'ils appelaient la terre promise et le grenier de Rome, restent-elles incultes et inhabitées? Plusieurs fois je me le suis demandé.

Je l'ignore encore, ou, du moins, je ne puis m'en rendre compte que de cette manière.

C'est, sans doute, parce que, dans ces basfonds, la terre, humide dans certaines saisons, et sèche dans d'autres, est trop lourde pour être convenablement travaillée par le faible engin agricole des Arabes, quoique ceux-ci paraissent doués d'un esprit sagace et prompt.

Ou encore, parce qu'il leur est plus facile de se garder, de garder leurs moissons et leurs nombreux troupeaux contre leurs ennemis si craintifs, parmi ces montagnes, où chaque rocher, chaque pli de terrain, chaque buisson leur sert d'abri.

Le patronage de la France changera nécessairement la face des choses; c'est à elle que reviendra la destinée nouvelle de l'Algérie, car il faut espérer que les populations de ce pays progresseront rapidement, d'autant plus qu'elles sont loin d'être réfractaires à la civilisation.

Pendant le gouvernement absurde et sanguinaire de leurs beys, les Arabes, loin de progresser, n'ont fait que rétrograder; mais une nation opprimée, ne doit pas être jugée, et la France, lui rendant la liberré et la justice, sera la seconde régénératrice de ce peuple, auquel il ne manque que la paix, car il possède le goût de l'agriculture.

J'aimerais, mon cher Père, de vous en faire comprendre les moyens et l'importance, au point de vue colonial ; mais il me semble prudent d'éviter une voie si scientifique, qui vous intéresserait peut-être fort peu, et de rentrer dans la route moins épineuse de mon voyage.

Arrivés au pied ouest du Dyr, nous le longeâmes dans toute sa longueur, mais en laissant sur notre droite son escarpement à une distance d'un kilomètre environ, car il est impossible de voyager plus près ; sa pente rapide n'est qu'un dédale de ravins hérissés d'énormes débris de roches aiguës, qui s'étendent jusqu'à notre passage.

Sur notre gauche près d'un douar composé d'une vingtaine de tentes, il y avait un gros porc qui voulait s'en approcher et que les chiens empêchaient ; ils luttaient ensemble sans se faire aucun mal.

Cet animal près d'un douar était pour nous un mystère, car le pourceau est en horreur et regardé comme immonde chez les Arabes ; de plus, il est défendu par leur religion.

A quelques pas devant nous, il y avait une jeune fille d'une figure douce et agréable, mais affublée de vieilles défroques, portant sur son dos une peau de bouc pleine d'eau qu'elle venait de puiser à la fontaine.

Pour éclaircir notre mystère, je dis à mon interprète de demander à cette pauvre créature si grotesquement habillée, comment cet hallouf (porc ou sanglier) se trouvait dans son douar?

Cette jeune personne répondit que c'était un sanglier qui appartenait au caïd Aly.

Ayant entendu cette réponse, il n'y avait plus rien de mystérieux pour moi, attendu que le caïd Aly, sous-lieutenant au 3e régiment de Spahis et chevalier de la Légion-d'honneur, a vingt-six ans de service et qu'il a pris les habitudes et les mœurs des Français.

Enfin, arrivés sur un petit mamelon, nous aperçûmes le bord; mais nous en étions encore loin.

Il nous paraissait être situé dans un lieu remarquable par l'agrément de sa position et par les sites ravissants que ses environs se chargent d'offrir aux voyageurs.

Il me semblait que la nature eût voulu réunir là, en un seul point, tous les accidents et toutes les formes qu'elle présente.

LE BORDJ

Mon cher Père,

Nous arrivâmes au bordj à onze heures et demie. M. Valle et le caïd Aly étaient sur la place, en avant de la porte d'entrée, entourée d'une cinquantaine de leurs administrés, à longues figures graves et ridées, aux bras et aux jambes nus, et à longues barbes, auxquels ils rendaient la justice.

Aussitôt que ces deux amis purent nous reconnaître, ils vinrent au-devant de nous, suivis de tout leur entourage, et ils m'accueillirent comme je m'y attendais ; ils étaient enchantés de notre visite, sur laquelle ils ne comptaient guère au milieu de ces montagnes rocheuses.

« Vous faites bien d'arriver dans ce moment, me dit M. Valle, la table est mise pour déjeuner, et vous faites encore mieux d'arriver aujourd'hui, car le caïd et moi, nous partirons demain soir. »

Puis il ajouta : « Si je restais encore quelques jours de plus ici, je crois que je deviendrais fou, avec toutes les réclamations et les plaintes de ces pauvres gens-là, dont je suis accablé. »

Pendant que je mis pied-à-terre, M. Valle ordonna au caïd d'aller terminer le plus vite possible la petite affaire qu'ils avaient interrompue à notre arrivée.

— « Quelle est cette affaire ? demandai-je.

— Oh ! mon cher ami, me dit M. Valle, aujourd'hui ce n'est plus rien ; mais voilà quatre jours que je suis entouré depuis le lever du soleil jusqu'à dix heures du soir de trois à quatre cents de ces longs burnous blancs, les uns demandant avec énergie, les autres défendant avec acharnement.

Combien c'est curieux de voir ces hommes courageux, entreprenants et passionnés dans leurs demandes, lutter avec un courage inouï, lorsqu'il leur apparaît une lueur de réussite !

— Diable ! mais qu'ont-ils donc tant à vous demander, ces braves Kabyles (montagnards) ?

— Pendant les moissons dernières, je parcourus la tribu en allant de douar en douar, et, à chaque beau champ de blé ou d'orge que je rencontrai sur mon passage, je demandai à qui il appartenait.

Comme on me nommait presque toujours les mêmes propriétaires et que leurs champs n'étaient beaux que parce qu'ils étaient situés dans les meilleurs endroits, je leur promis qu'avant les semailles, je repasserais et que je ferais moi-même le partage des terres.

Voilà pourquoi je suis ici, voilà pourquoi tant d'hommes m'entourent dans ce moment et m'ont entouré depuis quinze jours que je voyage dans la tribu ; mais, grâces à Dieu, je n'ai plus que quelques partages à faire pour ce soir et pour demain matin. »

Il y a beaucoup de réformes à faire parmi ces braves gens ; mais, quoiqu'elles soient dans l'intérêt du plus grand nombre, elles ne sont pas toutes faciles.

Les intimes de l'entourage des chefs leur font souvent des présents, surtout à chaque évènement, soit heureux, soit malheureux, qui arrive dans leurs familles ; et tous, même les plus misérables, sont obligés d'en faire autant : c'est l'usage dans toute l'Algérie.

Cette coutume qui existe parmi eux est volontaire, mais elle est forcée par l'usage ; et lorsque les chefs font la répartition des terres, ce qui arrive tous les ans, les meilleures sont nécessairement pour leurs amis et pour ceux qui leur ont fait les plus riches cadeaux, et encore, ils leur en donnent le plus possible.

Les chefs exploitent leurs tribus pour ainsi dire comme leurs propriétés particulières, et ils accumulent des fortunes immenses, en comparaison de la pauvreté de leurs administrés.

— « L'affaire que juge le caïd dans ce moment est-elle sérieuse?

— Non, ce n'est qu'une niaiserie.

— N'importe, je suis curieux d'entendre les débats.

— Allez, mon cher ami; moi, je vais faire mettre vos deux couverts, et aussitôt que le caïd aura terminé, vous viendrez avec lui, car non-seulement j'ai soif, mais encore j'ai grand faim. ».

Lorsque je m'approchai du groupe d'Arabes

qui étaient formés en cercle, ils se dérangèrent avec respect, pour me laisser approcher du caïd qui était debout ; et devant lui, accroupis par terre, il y avait un homme et une femme.

La femme paraissait être âgée de vingt-cinq à trente ans ; elle pleurait amèrement, et de grosses larmes ruisselaient sur sa figure toute hâlée.

L'homme était âgé de trente-cinq à quarante ans ; il avait les yeux pochés, le nez et les joues tout écorchés ; devant lui était déposé un long et gros bâton.

Ces deux malheureuses créatures paraissaient se plaindre et implorer la justice du caïd : je ne compris que quelques mots insignifiants ; mais, comme l'affaire se termina vite, le caïd me l'expliqua en nous dirigeant vers le bordj.

— « Ces deux infortunés que vous venez de voir à mes pieds, sont le mari et la femme, qui viennent se plaindre de trois de leurs voisins qui ont assommé de coups le mari hier soir, et le bâton qui était déposé devant eux, est celui avec lequel ils l'ont frappé.

— Pour quel motif l'ont-ils abîmé ainsi?

— D'après la plainte de ce malheureux, ses trois antagonistes voulaient l'empêcher de labourer une partie d'un champ qui lui a été donné par le cheick. Ainsi, vous voyez comme les vaillants et courageux laboureurs de ces contrées se battent pour quelque partie de terrain.

Puis le caïd ajouta : « Comme demain je dois passer dans le douar où cette scène a eu lieu, je verrai les trois champions et je jugerai l'affaire.

— Vous jugez donc vos administrés partout où vous les trouvez?

— Partout où je les rencontre, en querelle ou en dispute, je leur rends la justice, aussi bien sur les chemins que dans les champs, aussi bien sur les montagnes qu'aux pieds des rochers et que dans les bois, peu m'importe. »

Lorsque nous eûmes passé le seuil de la grande

porte d'entrée, M. Valle, qui était allé faire un tour à la cuisine, arriva, et il nous dit :

— « Messieurs, la table était mise ; mais maintenant que deux amis sont arrivés, elle ne l'est plus ; en attendant qu'on la remette, nous allons, si vous le voulez, visiter les établissements du bordj.

— Avec plaisir.

— Notre visite ne sera pas longue, cinq minutes nous suffisent.

Ce bordj, tel que vous le voyez, a été construit, il y a quatre ans, par l'entrepreneur du génie de Tébessa, et il a coûté 55,000 fr.

— Cela ne me paraît pas trop cher, dans un pays dépourvu de toute espèce de ressources, comme celui-ci.

— Non ; mais il en aurait bien coûté davantage, si la justice s'était faite comme elle se fait aujourd'hui.

Sachez donc, mon ami, que tous les matériaux ont été transportés à dos de mulet ou de chameau, et que tout ce qui compose le bordj, excepté les pierres qui ont été tirées de ces montagnes que vous voyez, a été apporté de Tébessa par les habitants de la tribu en réquisition; de plus, pendant la construction, journellement un certain nombre de ceux qui ne possèdent pas de bête de somme ont été employés de même à servir les ouvriers d'art européens, sans qu'aucun de ces corvéables ait osé se plaindre à l'autorité française.

Aussi la Providence n'a pas permis au propriétaire d'en jouir : il est mort quelques mois avant que la construction ne fût terminée.

Son fils lui a succédé pendant quelque temps comme caïd; mais l'autorité française l'ayant reconnu incapable et injuste, l'a révoqué et remplacé par le sous-lieutenant Aly. »

Mon cher père, afin de vous faire bien comprendre ce que l'on appelle bordj en Algérie, voici le plan et la légende de celui du Dyr.

PLAN DU BORDJ.

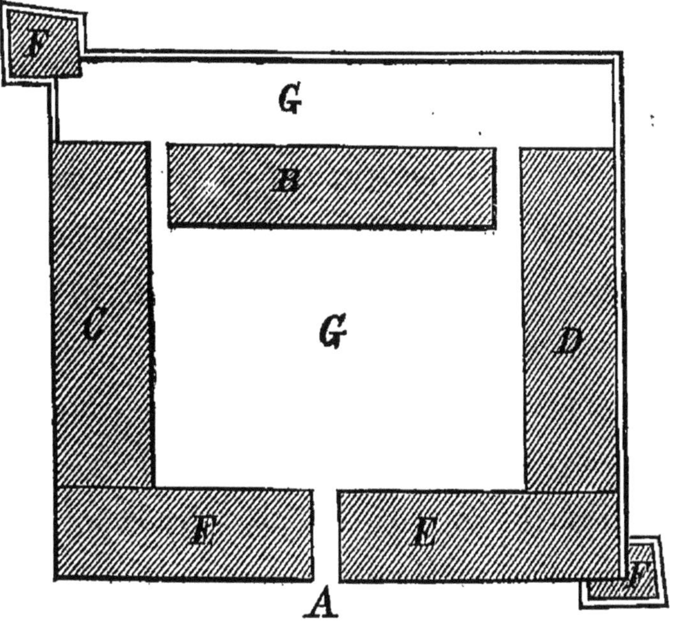

LÉGENDE DU BORDJ.

A. — Grande porte d'entrée.

B. — Bâtiment d'habitation principal.

C. — Salle d'audience et salle d'attente, avec logement pour les domestiques.

D, — Mosquée et salle d'école.

EE. — Ecuries.

FF. — Petits bâtiments couverts et crénelés, pour placer les défenseurs en cas d'attaque.

GG. — Cours.

Tous les bâtiments n'ont qu'un rez-de-chaussée, excepté le bâtiment d'habitation, côté B, qui a un étage.

Plusieurs chefs musulmans de l'Algérie ont déjà fait construire, dans leurs tribus, des établissements semblables; mais c'est uniquement pour plaire à l'autorité française, car ces hommes préfèrent habiter sous la tente, et ils continuent à y loger, malgré leurs habitations en pierres.

Il y a quelques années, un de mes collègues fuf chargé de surveiller la construction d'un de ces bordjs, et, quelque temps après, rencontrant le propriétaire en ville, il lui demanda :

— « Es-tu content de ta maison?

— Oui; depuis que j'ai une case, je n'ai perdu aucun de mes moutons, ni aucun n'a été malade depuis que je les renferme dedans pour la nuit.

— Ce sont tes moutons qui habitent ta maison; et toi, où loges-tu?

— Moi, je loge sous ma tente.

— Pourquoi pas dans ta maison?

— Parce que je ne veux pas m'y emprisonner.

— Ce n'était pas la peine d'en faire construire une alors.

— Pardon ! ma maison sert à mes moutons dans ce moment ; mais elle pourrait servir aux Français, à ma famille et à moi, si les gens de ma tribu venaient à se révolter. »

Notre visite dans le bordj se termina par la salle d'école : le maître avait le dos appuyé au mur, les jambes en tailleur ; il était entouré d'une couvée d'enfants à demi-habillés, tout crasseux, grouillant par terre dans un coin.

Parmi ce tas de misérables marmailles, tenant chacun une petite planchette dans les mains, sur laquelle étaient marqués quelques griffonnages, il y avait deux jeunes filles à figure ravissante, qui appartenaient au propriétaire du bordj.

Ces pauvres marmots gazouillaient tous ensemble à qui plus fort, en étudiant leurs leçons.

Lorsque nous sortîmes de cette pauvre salle d'étude, on vint nous prévenir que la table était remise. Il était midi (j'allais vous dire sonné, oubliant que, dans ces contrées, les horloges sont inconnues) : les heures ne sonnent pas, elles s'écoulent silencieusement et elles tombent sans bruit dans le gouffre de l'éternité.

Lorsque nous entrâmes dans la salle à manger, un majestueux plat de couscoussous garnissait le milieu de la table; excepté ce mets, notre déjeûner fut un repas à la française. Le dessert se composa de poires et de pommes, fruits inconnus dans le pays.

La pièce était très-vaste, un peu délabrée et blanchie à la chaux. Le fond de la salle était occupé par les deux lits en fer de M. Valle et du caïd; et le mur, au-dessus de ces deux lits de campagne, était orné d'un magnifique trophée d'armes indigènes, entre autres, un fusil damasquiné d'ivoire d'une grande beauté.

Pendant le déjeûner de nos amphitryons, la conversation fut très-gaie et très-animée : elle roula d'abord sur le sanglier que j'avais vu pendant la route.

Permettez-moi, mon cher Père, de vous répéter son histoire, telle que me l'a raconté le caïd.

—« Vous savez, Monsieur, que le sanglier d'Afrique, pris jeune, s'apprivoise facilement; vous avez dû en remarquer plusieurs suivant leurs maîtres ou maîtresses, comme des chiens fidèles, dans les rues de Tébessa.

» Il y a environ quinze mois, qu'un de mes administrés me fit cadeau de deux petits marcassins, un mâle et une femelle.

» Cette dernière, quelques mois après, fut tuée d'un coup de pied de cheval; et le mâle que vous avez vu, voyage, comme un mendiant, de douar en douar, pour trouver sa nourriture ; en sorte que j'ignore presque toujours où il est.

» Il y a environ deux mois, il déserta pendant

six jours dans les montagnes; je le croyais perdu pour moi, mais, comme l'enfant prodigue, il revint, et, depuis lors, il continue son métier.

» Comme il est si gras qu'à peine il peut courir, il trouva sans doute, pendant sa désertion, les roches plus dures que les tentes, et leurs environs, non-seulement moins faciles à labourer, mais moins garnis de sa nourriture.

» Malgré toute sa docilité, je crains encore qu'il ne rencontre un jour, ou plutôt une nuit, quelque troupeau de ses frères non privés, si nombreux pendant l'hiver dans ces contrées : le 1er janvier sera son jour fatal. »

Après cette histoire, M. Keifer proposa d'aller à la pêche immédiatement après le déjeûner, mais le caïd l'en détourna ainsi :

— « La rivière dans laquelle vous voulez aller pêcher est la limite de la frontière, et son point le plus rapproché se trouve à huit kilomètres du bordj.

» Vous ignorez sans doute que, depuis la razzia faite par la garnison et par les goums (milice indigène à cheval) du cercle de Sou-Karas, la tribu ennemie des Ouled-Bouganem (1), dont une fraction a été dévalisée, se trouve près de cette rivière, et elle est tellement à craindre depuis cette époque, que mes Kabyles qui vont labourer près de cette rivière sont obligés d'être constamment armés de leurs fusils; de plus, dans ce moment des semailles, je leur fais faire des patrouilles à pied et à cheval, composées de vingt-cinq à trente hommes armés, qui parcourent la frontière pendant les nuits.

» Ces précautions ne sont que momentanées, parce que cette tribu se trouve, depuis cette razzia, dans la plus grande misère, et, par conséquent, dans l'impossibilité d'ensemencer ses terres.

« Si nous nous tenons ainsi sur nos gardes, ce

(1) De la Tunisie.

n'est que parce que nous savons que beaucoup de ses gens guètent le moment favorable pour venir prendre nos animaux et nos charrues, afin de pouvoir faire leurs labours.

» Bien des versions circulent, dans ce moment, parmi mes hommes, sur le but de notre voyage.

» Ces Ouled-Bouganem, nos voisins, ont un mauvais renom dans cette province : ils passent pour des coupe-gorges; tout crime, tout vol, commis dans leurs environs, leur est attribué; aussi les habitants de ma tribu évitent-ils, autant que possible, tout rapport, tout contact avec eux. »

Après tous ces renseignements, je posai au caïd la question que voici :

— Cette tribu des Ouled-Bouganem appartient au bey de Tunis, et comment se fait-il que ce bey, qui est l'ami de la France, laisse subsister de pareilles choses dans son pays?

— L'autorité du bey de Tunis n'est que nominale dans ces contrées du sud qui lui résistent ouvertement, et quand il veut y percevoir les impôts, il est obligé de faire parcourir tout le pays par de fortes colonnes de troupes, et encore ces troupes n'osent dépasser la ville de Gafsa. »

M. Keifer, que la passion de la pêche tourmentait et qui ne s'était mis en route que pour avoir le plaisir de prendre du poisson presque à volonté, proposa d'y aller seul et il ajouta :

— « Que pourraient-ils me faire, en supposant qu'ils soient là, ces malins? Me prendre mes lignes, c'est peu de chose.

— Ils ne vous prendraient même pas vos lignes, car ils ne sauraient s'en servir, mais votre tête, ou ils vous dépouilleraient totalement et vous abandonneraient dans la tenue de Vénus.

Si vous y allez seul, mes gens vous arrêteront avant que vous n'ayez fait deux kilomètres et ils vous ramèneront au bordj.

N'ignorez pas que mes braves administrés

sont solidairement responsables des crimes commis sur leur territoire, et cela pour contribuer à la sécurité des voyageurs, surtout des voyageurs français trop hardis, comme vous.

— Mais si vous aviez la bonté de me faire escorter par quatre ou cinq de vos hommes?

— Quoiqu'ayant la meilleure volonté du monde de vous être agréable, je ne puis satisfaire à votre désir, dans votre intérêt comme dans celui de mes gens.

Non, je ne puis vous laisser exposer votre vie pour quelques poissons, ni aventurer quatre ou cinq de mes administrés. »

Puis le caïd ajouta :

— « Sachez donc, imprudent que vous êtes, que, s'il vous arrivait quelque malheur, il pèserait sur ma responsabilité. »

La petite rivière Oued-Horris, dans laquelle M. Keifer avait intention d'aller pêcher, n'est, comme toutes les rivières d'Afrique, qu'un petit filet d'eau qui coule entre deux profonds escarpements; seulement, de distance en distance, il y a des trous très-profonds qui sont garnis de poissons, et que les Arabes ne dérangent jamais, attendu qu'ils n'en mangent pas.

Voyant qu'il fallait renoncer d'aller à la pêche, ce dont j'étais enchanté, je proposai d'aller faire l'ascension de la montagne du Dyr.

— Peut-on aller jusqu'à son sommet étant à cheval, demandai-je au caïd?

— Oui, mais il n'y a qu'un seul passage, et il faut bien le connaître, car il est très-étroit.

— C'est fâcheux que nous n'ayons pas fini nos partages, nous pourrions y aller avec vous, car je n'y suis jamais monté, dit M. Valle.

— Oui, répondit le caïd, nous ferions là une curieuse promenade, mais je vais lui procurer un bon guide connaissant parfaitement ces lieux.

Au même instant, le caïd fit appeler son cheick, et il lui donna l'ordre de faire monter à cheval un habitant du douar qui se trouvait, dans ce moment, situé à environ cent pas du bordj, pour m'accompagner.

M. Keifer, qui ne rêvait que pêche, ne voulut point de l'ascension.

Aussitôt que mon guide arriva, le cheick vint prévenir le caïd.

— Monsieur Guichard, il est deux heures, dit le caïd ; si vous voulez voir tout ce qu'il y a de curieux et de remarquable parmi les rochers de la montagne du Dyr, vous n'avez pas de temps à perdre, et je vous recommande de ne pas vous annuiter dans ces hauts parages.

Comme j'allais à la recherche du pittoresque et que j'étais impatient d'étudier ce majestueux et gigantesque massif, je me levai immédiatement de table, puis je courus enfourcher mon cheval que mon interprète avait préparé.

Mon nouveau guide était un grand et vigoureux Arabe, un de ces indigènes qui obéissent aussi vite que nos membres, c'est-à-dire, avec l'instantanéité de la volonté et les exigences des manœuvres. Il se montra courtois, gracieux, attentif et des plus charmants.

Après nous être concertés sur le but de mon excursion et la direction que nous allions prendre, il me dit qu'il connaissait parfaitemet le Dyr et qu'il se chargeait de m'en faire les honneurs.

— Très-bien. Partons, et le plus vite possible.

ASCENSION

Mon cher Père,

Arrivés aux pieds des rochers, nous nous engageâmes dans une espèce de profonde crevasse qui n'a pas plus de dix à quinze pas de largeur ; de chaque côté, les parois en granit, boursoufflées et percées de grandes cavités, sont d'une sévérité incomparable et elles s'élèvent jusqu'à une hauteur moyenne de quatre-vingt-dix à cent mètres.

Nous longeâmes cet énorme fossé naturel de

fortifications pendant deux kilomètres environ : je me croyais être dans le fameux et épouvantable ravin du Rummel qui entoure la ville de Constantine de trois côtés et qui a cent-quatre-vingts mètres de profondeur.

Plusienrs fois, mon cher Père, en parcourant ces lieux sombres, je me demandai :

Quelle puissance a pu creuser cette profonde entaille dans ces durs rochers?

Ce ne peut être que la puissance de l'eau, en agissant constamment et mécaniquement depuis la création du monde, en s'y précipitant dans sa chute et après chaque orage, et en enlevant chaque fois quelques blocs de rochers qu'elle emporte au loin avec elle.

Ou encore, ces curieuses murailles ont été soulevées par un cataclisme, et pétrifiées en sortant des entrailles de la terre.

Oh ! génie hardi de la nature !

La première chose qui me frappa d'abord,

après avoir examiné ces lieux lugubres, ce fut de voir les pieds de ces rochers parcourus et habités par une infinité de gnéda (nom arabe), ayant l'apparence de petits lapins à longues queues de rat, sauf leur couleur qui est d'un jaune clair.

Ces petits quadrupèdes, qui fuyaient en tous sens à notre approche, sont très-renommés pour la bonté de leur chair, pour leur subtilité et pour leur finesse; ils frétillaient, couraient, montaient, descendaient autour des débris de roches entassés les uns sur les autres, et ils bondissaient de rocher en rocher, sans jamais faire la culbute.

Puis trois Arabes, enveloppés de leurs burnous d'un blanc sale, avec leurs longues figures graves et ridées et leurs jambes nues, se détachaient admirablement sur la cîme dentelée de ces escarpements

C'étaient trois pâtres gardant leurs troupeaux qui erraient sur le plateau.

Un peu plus loin, il y avait un cavalier arabe

merveilleux, qui faisait caracoler son cheval, comme les indigènes le savent si bien, sur le bord du précipice : un chamois aurait eu le vertige.

Cet audacieux était à la fois effroyable et sublime à voir, car il jouait avec le vide et la mort.

Ce fanfaron, cet insouciant du danger était venu jusque sur la pointe du rocher le plus avancé, pour mieux nous voir.

Si je causais de la surprise et de l'étonnement à ce cavalier miraculeux, parmi ces rochers, il m'en causait bien davantage sur le bord de l'abîme; je frémissais en voyant parfois son cheval se dresser au-dessus du vide, quoique je susse que les chevaux arabes sont faciles à manier, faciles à lancer au galop et aussi faciles à arrêter sur le bord des précipices, et toujours sans un faux pas, sans un écart.

Puis enfin, des milliers de pigeons, de corneilles, de vautours et de majestueux aigles à tête blanche, qui éveillaient de leurs cris saccadés la solitude, en faisant chorus avec le bruit d'un petit ruisseau semblable à un filet d'argent, qui coulait dans le milieu de la gorge, en formant à chaque instant de petites cascades.

Dans ce moment, ma pérégrination était brillante et s'harmonisait avec ce bruit si odieux qui sembla tinter dans mes oreilles longtemps encore après être sorti de ce gouffre.

Je n'allai pas vite, mon cher père, afin de mieux admirer ces rochers fantastiques, ainsi que leurs habitants. Je mis une demi-heure pour parcourir ce long couloir.

Arrivés à l'extrémité, nous essayâmes de franchir le versant rapide de la montagne du Dyr, qui se déroulait à notre droite; mais les rochers taillés à facettes glissantes qu'il nous fallait traverser, me firent renoncer à cette entreprise, car je craignais que ma monture, qui était le cheval du maréchal-des-logis des sapeurs-conducteurs du génie, ne se cassât les jambes.

Je m'arrêtai un instant, puis, en regardant autour de moi, je vis sur notre gauche un grand mamelon dont la pente régulière est moins raide, et il me paraissait être aussi élevé que le Dyr.

Son pied est jonché de débris de roche, mais que nos chevaux pouvaient tourner.

Alors j'ordonnai à mon guide de me conduire sur ce mamelon, j'aurais dû dire sur cette montagne, mais on n'a pas toujours la présence d'esprit d'appeler les objets par les noms qui leur conviennent.

Nous retournâmes immédiatement sur nos pas, jusqu'au point où nous pûmes prendre notre nouvelle direction.

Pendant la montée, je regardai plusieurs fois si je pouvais découvrir le sommet du Dyr, mais je ne voyais que ses murailles, qui se perdaient dans le lointain comme un long ruban dentelé, et lorsque je fus arrivé sur la cîme la plus élevée, j'étais encore loin de le découvrir.

Mais, du haut de ce belvédère bronzé, qui était empanaché de neige, sur lequel le soleil produisait un effet de lumière qui compensait l'aridité du sol, je jouis d'un magnifique et immense panorama.

Le paysage s'étendait au loin, calme et majestueux.

Si la vie est un voyage, mon cher Père, on peut retourner la proposition et dire : Un voyage est comme la vie, semé d'impressions diverses et de tous genres.

Mes yeux pouvaient plonger à droite et à gauche, dans la profondeur d'une plaine immense et inculte.

Nous étions sur un cône de montagne qui limite la partie orientale du Bahiret-el-Arneb (la plaine des lièvres).

Ce long espace de terrain, quelque peu bosselé, paraissait aller se confondre avec le ciel.

Rien de plus admirable que la vue qui se déroule autour du touriste qui se trouve dans cette position.

Devant nous, pays plat, qui fuit à perte de vue, pays charmant pour celui qui aime les horizons.

Derrière nous, pays montagneux pour celui qui aime les paysages inattendus.

A l'extrémité Est de cette nappe de terrain, il y a une énorme montagne circulaire entièrement isolée, dont le sommet est couronné d'un majestueux rocher, ayant un aspect des plus formidables.

Sur ce cône aérien, sur ce massif de pierres aiguës et tranchantes, sur ces pics, sur ces aiguilles, sur ces lances de granit, j'apercevais des cadavres de maisons démantelées, ayant un air merveilleusement triste; aussi je me hâtai de demander à mon guide :

Quel est donc ce rocher pyramidal qui a des dimensions aussi colossales ?

— C'est Galà-at-es-Senan (le château de la Dent) ; en français, la ville de Galaa.

— Galaa en Tunisie, répétai-je?

— Oui.

— Oh! ville fantastique! Oh! phénomène de la nature!

Il faut avoir eu une idée diabolique, pour avoir été placer là, dans les airs, un centre de population, pour y manquer des choses les plus nécessaires à la vie : l'eau, l'espace et l'ombre.

Comment, mon cher Père, vous dépeindre cette haute espèce de fourmillière de créatures humaines que j'ai devant les yeux? Comment vous dépeindre ce plateau suspendu sur des abîmes? A peine si le pinceau d'un Raphaël ou celui d'un Rubens suffirait; ma plume est donc impuissante à vous le décrire.

Je suis bien embarrassé pour vous expliquer cette merveille, il me faudrait la plume d'un savant; mais moi, enfant du pauvre petit village de Limey, élevé derrière votre charrue, je puis à peine l'effleurer.

Que je voudrais être un grand paysagiste, car il m'est impossible de vous représenter ce coup-d'œil si intéressant, ce nid de guêpes dressé sur de semblables rochers et environné d'abîmes, sans vous en mettre un dessin devant les yeux.

Ce cône aérien est comme tigré par ces assises de granit de couleurs différentes qui présentent le plus magnifique aspect qu'une imagination puisse jamais rêver.

Après l'avoir contemplé pendant un moment, je demandai à mon guide :

— « Comment et par où les habitants de cette mystérieuse ville peuvent-ils descendre de ce rocher ?

— On ne peut descendre de cette ville ni y monter que par un petit sentier taillé dans la roche en forme d'escalier.

— Où se trouve ce sentier ?

— De l'autre côté.

— Combien de temps, du point où nous nous trouvons, nous faudrait-il pour y aller, et peut-on traverser facilement cette petite rivière que j'aperçois au pied de la montagne ?

— Quatre heures environ, dont deux heures pour arriver à l'Oued-Horrir, qui est guéable presque partout dans ce moment, et deux heures pour monter dans la ville.

Mais, si nous essayions d'y aller, nous n'en reviendrions probablement pas ; car les gens de ma tribu sont, dans ce moment, en éternelle hostilité avec les habitants demi-sauvages qui habitent la plaine qu'il nous faudrait traverser.

— Je le sais. Y êtes-vous déjà allé ?

— Deux fois ; il y a quelques années, on pouvait y aller à volonté, sans crainte.

— Savez-vous combien cette ville contient d'habitants ?

— Il y a quatre-vingt-dix à cent maisons

à terrasse, pas plus hautes que celles de Tébessa. »

J'ose croire que les habitants de cette espèce de ville, dont les maisons n'ont qu'un rez-de-chaussée, de deux à trois mètres de hauteur, perchées sur ce cône élevé de neuf cents mètres au-dessus de la plaine, sont pauvres et misérables; que la centaine de baraques qui la composent et que je confondais avec les rochers, excepté le minaret de la mosquée, sont de véritables bouges et repaires de brigands où jamais aucun Européen n'a mis le pied, depuis que les Romains ont quitté ce pays.

Après tous ces détails, je jetai la vue dans la plaine, sur un tas de ruines qui piquèrent vivement ma curiosité, et qui ne sont situées qu'à environ deux kilomètres du pied de notre belvédère; comme il n'était encore que trois heures et demie, je dis à mon guide que j'avais l'intention d'aller les visiter.

Il m'objecta qu'elles se trouvent sur la limite de la frontière, et qu'il n'était pas prudent de nous en approcher.

Ayant entendu son observation, je réfléchis un instant; mais comme tous les environs de ces ruines, jusqu'à une certaine distance, étaient parfaitement à découvert et entièrement déserts, je lui répondis : « Peu m'importe, marchons; avec les jambes de cerf de nos petits chevaux, il nous sera toujours temps de retourner, si nous apercevons quelques farouches. » Et j'avais, Dieu merci, un excellent cheval.

Nous partîmes sur-le-champ, car nous n'avions pas de temps à perdre; nous descendîmes vite de notre belvédère, attendu que sa pente, quoiqu'elle soit rapide et pierreuse, est régulière, et elle n'est nullement scabreuse.

Pendant la descente, je songeais qu'on m'a prophétisé souvent les plus grands dangers si je continuais à affronter seul ces lieux solitaires et dangereux; mais je m'enhardissais d'autant plus que mon isolement ne m'a jamais été funeste; au contraire, j'ai toujours été reçu avec bienveillance partout où je me suis présenté dans les douars; de plus, je vois et j'aperçois bien mieux étant seul avec un guide.

Nous y fûmes bientôt rendus, et lorsque je fus auprès, je reconnus que c'était une ancienne tour romaine, semblable à celles de l'enceinte de la ville de Tébessa, ayant dû être construite à la même époque.

Je mis pied à terre pour visiter ce cadavre isolé de fortification, situé sur un petit monticule; il s'en va en lambeaux calcinés par un soleil de quarante à cinquante degrés, il tombe en poussière depuis environ quinze sicles.

Les quatre murs de cette antique sentinelle avancée, construits entièrement en pierres de taille, n'ont plus que trois à quatre mètres de hauteur.

La nature paraît morte autour de ce monceau de ruines, la nature animale, comme la nature végétale : pas un être vivant, pas un oiseau, pas un insecte, pas même un brin d'herbe.

Dans cette grande plaine, tout est stérile; le silence seul règne aux environs de ces débris croulants. Quel silence, quel calme! Tout dormait dans la nature; je me représentais le silence de l'éternité dans ce paysage désolé et dominé par les montagnes.

Il me semblait entendre les plaintes de la nature oubliée, qui étouffaient l'animation des siècles passés.

Que j'étais loin d'entendre le bruit continuel du va et vient de Paris et de Marseille! Frappé par la tristesse du paysage environnant, je m'arrêtai pour méditer, et pendant un moment de méditation, assis sur une pierre de ces ruines, la tête appuyée entre mes deux mains, il me sembla l'entendre corner dans mes oreilles; mais ce n'était qu'un rêve, qu'un caprice, car je savais que j'en étais loin.

Là, mon cher Père, je songeai à vous, à toute ma famille, ainsi qu'à tous mes parents; je vous invoquai tous dans mes souvenirs, pendant ce délicieux moment de touriste.

Après m'être reposé un instant, je pensai à opérer ma retraite; je fis d'abord mes adieux à ces ruines, ainsi qu'à la grande plaine des lièvres, que je ne reverrai sans doute jamais, puis je me remis en selle. Il était quatre heures.

Nous étions loin du bordj; mais, avec les chevaux arabes, les grandes distances sont vite franchies.

Ces chevaux arabes, si doux, si dociles, si vifs! Que j'étais bien à cheval, surtout en montant dans ces sentiers rocailleux et tortueux, où nos chevaux grimpaient, ou mieux escaladaient!

Nous retournâmes au bordj par la même voie,

en repassant sur nos traces et absolument de la même manière.

Lorsque je fus de nouveau sur la montagne, je m'arrêtai un instant pour y jouir une dernière fois du magnifique point de vue de Galaa, et pour y gémir sur la grande désolation de la plaine.

Nous n'arrivâmes dans la gorge sombre qu'à cinq heures. Les nuées de pigeons qui étaient perchés sur la cîme des rochers, à notre premier passage, étaient descendus dans le milieu des escarpements inaccessibles qui nous environnaient de toute part, et ils avaient pris, dans les cavités profondes, leurs gîtes habituels de la nuit.

Quelques retardataires rôdaient encore autour d'une entrée de ces pigeonniers naturels.

Je leur envoyai mes deux coups de fusil; il n'en tomba qu'un seul. Mais le bruit de la détonation, répété par les échos dans toute la longueur de ce profond couloir, donna l'éveil dans tous les colombiers.

Pendant un instant, le ciel fut pour nous presque entièrement obscurci par le grand nombre des habitants ailés de ces lieux sinistres, qui tous allèrent se jucher sur les saillants les plus élevés.

Un peu plus loin, voyant deux fiers et majestueux aigles qui avaient fait élection de domicile sur une roche en saillie, je glissai deux balles dans mon fusil, puis je les leur envoyai.

Je voudrais, mon cher Père, pouvoir vous dire que je fus adroit, mais la vérité l'emporte : je vous avoue mon défaut d'adresse, ce furent deux balles perdues.

Etant dans l'endroit le plus curieux et le plus lugubre, il y avait une pointe de granit très-saillante, entièrement couverte par un grand nombre de corneilles qui s'y reposaient; je tirai un coup de fusil dans le milieu; mais, là non plus, il n'en tomba qu'une seule que mon interprète alla chercher.

Pendant que j'étais arrêté et que je rechargeais mon fusil, j'entendis le galop sourd d'une troupe à cheval s'approchant de nous avec une grande rapidité.

C'était une trentaine de cavaliers aux visages bronzés, coiffés de haïks maintenus par des cordes en poil de chameau, couverts de longs burnous et chaussés de grandes bottes en cuir rouge.

Ces guerriers étaient armés, les uns de vieux fusils de cinq pieds de longueur, les autres d'énormes tromblons ou de grands sabres tout rouillés.

Ces vieilles armes, que ces fiers et martials cavaliers portaient, ont été transformées successivement par leurs ancêtres : d'armes à mèches, ceux-ci en ont fait des armes à rouet, puis des armes à pierre; leurs descendants en feront des armes à piston, puis des armes à aiguille.

La beauté du site, le charme du soir ajoutaient à cette bizarre apparition.

Cependant, pour un moment, je craignis que ce ne fussent des Tunisiens ; mais mon guide me rassura en me disant que c'étaient des siens qui allaient parcourir la frontière pendant la nuit.

Quels hommes intègres que cette sorte de troupe de fantômes, aux yeux chagrins et à barbe hérissée !

Lorsqu'ils furent passés, je les suivis des yeux, d'abord jusqu'à ce qu'ils furent sur le sommet de la montagne, puis tant qu'ils furent visibles sur le haut et qu'ils disparurent dans les plis et replis du terrain.

Toutes ces choses, mon cher Père, ne sont-elles pas merveilleuses ? Je ne sache pas qu'on puisse faire une excursion plus agréable que celle que j'accomplis dans ces endroits inexplorés et déserts. La journée avait été splendide, une véritable journée de printemps; la lumière du soleil couchant donnait à ces rochers un charme incomparable.

En effet, on n'imagine rien de plus idéalement vrai que ces rochers qu'éclaire un dernier rayon de l'astre du jour, en formant des nuances sans nombre que l'œil contemple avec plaisir.

Il semblait que la nature leur prodiguait tous ses prestiges.

J'avais visité tout ce qui présente le plus d'intérêt dans ces enchanteresses et pittoresques montagnes : j'étais bien dédommagé de mes fatigues.

Après avoir joui de tant de beautés diverses, je rentrai au bordj, content et joyeux de mon ascension; il était six heures et entièrement nuit.

SOIRÉE

Mon cher Père,

En arrivant au bordj, le caïd me demanda si j'étais satisfait de mon guide, de ma promenade, et jusqu'où j'étais allé.

— « Je vous remercie de m'avoir procuré un aussi bon guide, vigoureux et obéissant, plein de force et de bonne volonté ; aussi il me reste à le remercier également, — ce que je fis gracieusement en lui glissant une pièce dans la main.

Quant à ma pérégrination, on ne peut en faire une plus curieuse ; j'ai été jusque dans l'immense plaine des Lièvres, visiter le monceau de ruines qui marque la limite du bélik de Tunis.

— Si j'avais su que vous fussiez assez hardi pour vous exposer ainsi, je ne vous aurais pas laissé partir ; mais enfin, comme vous voilà revenu et enchanté, j'en suis content.

En attendant l'heure du dîner, nous nous promenâmes, le caïd et moi, dans le douar voisin.

M. Valle et M. Keifer avaient tiré d'un autre côté.

Dès que les chiens nous virent approcher, ils vinrent au-devant de nous en hurlant ; nous fûmes immédiatement entourés d'une douzaine de ces hideux et fidèles gardiens, qui n'obéissent à aucun maître pendant la nuit ; comme le chacal, ils tiennent à la fois du renard et du loup : ils ont un aspect sauvage.

Cette aboyante escorte, à poils hérissés, était

ennuyeuse et redoutable; si j'avais été seul, j'aurais été infailliblement dévoré.

En entrant dans ce groupe de tentes enfumées intérieurement et toutes en lambeaux, je remarquai deux habitants presque nus, accroupis, à la mode d'Afrique, sur le seuil de leur frêle habitation, qui goûtaient les délices du soir, en apprivoisant et instruisant, avec une patience d'ange et à la lueur d'une lampe en terre toute huileuse, en forme de lampion, deux jeunes faucons.

L'un était le père et l'autre le fils.

Celui-là était un vieillard vénérable paraissant être âgé de soixante dix à quatre-vingts ans.

Je n'avais jamais rien vu de plus triste, ni de plus déplorable que la situation de ce pauvre vieillard aux cheveux blancs, à figure ridée, crasseuse et noircie par les intempéries; il était vêtu simplement d'un burnous tout troué, tout râpé et d'une saleté rare, qui en était, pour le sûr, à sa deuxième génération.

Le fils était un homme à barbe noire, grand, vigoureux, plein de vie et de force.

Dans le fond de la tente, juchés sur un petit bâton, il y avait trois autres de ces voraces, fiers et carnassiers faucons coiffés de leurs chaperons.

Nous nous arrêtâmes auprès de ces deux fauconniers, et je demandai au caïd :

— « Que font-ils de ces hardis et majestueux oiseaux ?

— Lorsque ces braves fauconniers les ont parfaitement dressés, ils s'en servent pour aller chasser tout le petit gibier volatile et quadrupède, et principalement pour dénicher les pigeonneaux dans les colombiers de ces grands rochers que vous venez de visiter.

— Comment se procurent-ils ces jeunes faucons ?

— Ce sont des fauconneaux qu'ils vont dénicher dans les montagnes, quelques jours après qu'ils sont éclos.

— Et ces pauvres gens sont assez adroits pour donner l'instruction nécessaire à ces voraces oiseaux de proie, pour bien chasser le gibier ?

— Oui, mon ami, ils leur apprennent très-bien la volerie.

— Que de peines et de patience il leur faut !

— Pas tant que vous croyez ; c'est un amusement pour eux.

— Je voudrais bien connaître les moyens que ces pauvres souffreteux emploient pour les apprendre à saisir et à rapporter le gibier.

— Demain, entre onze heures et midi, ils leur donneront une leçon de volerie, et vous pourrez les voir.

— C'est fâcheux que je n'y assisterai pas, car il me faudra partir demain, dès le point du jour.

— Hé bien ! mon cher ami, je vais vous indiquer comment ils instruisent ces oiseaux de proie et quels sont les moyens qu'ils emploient :

Dès que ces jeunes faucons sont assez forts pour pouvoir voler, ils ne leur donnent plus à manger qu'une seule fois par jour, afin de les affamer, et, pour leur faire prendre leurs repas, ils les emportent, coiffés de leurs chaperons, juchés soit sur leur tête, soit sur leurs mains gantées, afin d'éviter les empreintes de leurs serres, jusqu'à ce qu'ils soient loin du douar, même jusque dans les montagnes.

Ils emportent aussi un pigeon ou tout autre oiseau vivant, pour le repas de chacun de leurs élèves.

Ces volatiles, destinés aux repas des faucons, ont chacun une ficelle attachée à l'une des pattes, supportant un petit morceau de bois, afin de les empêcher de voler librement.

Les jeunes faucons ont également l'extrémité d'une longue ficelle fixée à leurs serres, afin de pouvoir les arrêter, s'ils vont trop loin dans leur vol.

Ces dernières précautions ne sont nécessaires que jusqu'à ce qu'ils soient assez familiers et assez bien dressés, pour obéir à la voix de leur maître.

Au moment où le fauconnier enlève le chaperon qui empêchait le jeune faucon de voir le jour, il lui lâche sa victime, et alors l'oiseau de proie s'élance à sa poursuite, et dès qu'il l'a atteint, le fauconnier court pour la saigner, faire boire le sang à son élève, et la déplumer ; puis, à mesure qu'il la déplume, il la déchire par morceaux, afin d'aider l'oiseau carnassier à prendre son repas.

Pour leur apprendre à chasser les quadrupèdes, tels que lapins, lièvres, etc., dès que le fauconnier décoiffe et lâche son jeune chasseur, un autre Arabe traîne de loin, avec une longue ficelle et en courant le plus vite possible, un morceau de viande quelconque enveloppé dans une paau de ces petits animaux, et dès que l'oiseau carnassier, qui est très-affamé, l'aperçoit, il s'élève en l'air pour mieux s'abattre et avec plus de force sur cette espèce de faux gibier, puis il le mange avec avidité.

Après un certain nombre d'exercices ainsi faits, l'oiseau, devenu chasseur, laisse facilement approcher son maître; souvent même il lui apporte sa proie, afin que son maître la lui prépare.

— Ce sont là des moyens très-ingénieux; mais ces intelligents chasseurs, non-seulement leur coûtent beaucoup de travail, mais ils leur reviennent bien cher en nourriture ?

— Pas tant que vous croyez.

Il y a, dans les escarpements du Dyr, plusieurs pigeonniers qui leur sont accessibles, et c'est de ces pigeonniers qu'ils tirent la nourriture de leurs élèves.

— Quelle est la valeur d'un bon et intelligent de ces oiseaux chasseurs?

— Parmi mes gens, il y en a qui en font un métier, précisément ceux-ci, et ils les vendent trente, quarante et même cinquante francs la pièce, selon que leurs faucons sont plus ou moins forts, plus ou moins agiles, plus ou moins voraces.

— Ce sont là de beaux prix pour des oiseaux. Lorsqu'on va chasser parmi les montagnes avec des faucons et que ceux-ci, quoique bien apprivoisés, rencontrent leurs frères non privés, ne les suivent-ils pas?

— Quelquefois, mais c'est très-rare, excepté au moment des amours; aussi, arrivé à cette époque, on est obligé de leur donner à tous la liberté : l'année suivante, on en élève et instruit d'autres. »

Après cet entretien, nous continuâmes notre visite dans le douar.

Dans l'intérieur de ces tentes, où tout est misère, les femmes couvertes de haillons, avec leurs visages crasseux, hâves et desséchés, me regardaient avec des expressions de surprise, les unes par les déchirures des tentes, les autres par les entrées qu'elles tenaient presque hermétiquement fermées.

Rien au monde de plus navrant ni de plus extraordinaire que ces malheureuses créatures, toujours suspectes d'exagération ; elles sont défiantes et elles supposent des motifs secrets à l'égard des Européens dans leurs actions les plus indifférentes.

Grand Dieu ! mon cher Père, combien j'avais pitié de ces pauvres créatures qui ne sont, dans ces pays, considérées par les hommes indigènes que comme leurs esclaves, que comme des animaux leur servant de femelles, ou mieux que comme des marchandises ; elles m'apparaissaient, dans la clarté blafarde des lampes, semblables à des spectres.

Vers sept heures, le garçon de M. Valle vint nous prévenir que le dîner était servi ; il était temps, car l'ascension m'avait creusé l'estomac, et la puanteur du douar commençait à me faire mal au cœur.

En nous dirigeant du côté de la table, je parlais au caïd de la mauvaise odeur que j'avais sentie près des tentes, et il me dit qu'il allait ordonner le changement du douar.

Les Arabes sont obligés de changer leurs douars d'emplacement, parce qu'ils sont bientôt empoisonnés par la vermine et les odeurs des excréments de leurs animaux.

Ces habitants nomades établissent leurs tentes par groupes, là où ils veulent : selon les saisons, ils occupent les endroits les plus sains et aussi rapprochés que possible de leurs bons pâturages, sans cependant jamais abandonner le territoire de la tribu à laquelle ils appartiennent ; et une tribu a environ autant d'étendue qu'un arrondissement français, souvent même qu'un département.

Le déjeûner avait été modeste, on ne nous

attendait pas ; mais le dîner était des plus splendides, et quoique apprêtés par un Arabe, les mets étaient aussi bons, aussi bien assaisonnés et aussi bien servis que dans les plus grands restaurants de Paris.

Entre autres, il y avait un pâté de poulet truffé, non pas avec des truffes du Périgord, mais bien avec des truffes d'Afrique.

On trouve cet excellent tubercule en grande quantité près de Chéria, nombreuses ruines romaines situées à quinze lieues ouest de Tébessa, dans la tribu des Nememchas.

Les derniers mets étaient des plus succulents : il y avait des coings apprêtés je ne sais comment, des beignets aux pommes délicieux et des crêmes excellentes.

C'était un assez joli spectacle que notre dîner pour ce pays ; il se passa gaîment et avec beaucoup d'entrain.

Lorsque les deux dernières bouteilles de vin

que j'avais apportées furent vides, le caïd fit décorer la table de deux bouteilles de Bordeaux.

Il est bon aussi, mon cher Père, de vous dire que le cuisinier du caïd Aly, qui sait parfaitement apprêter les sauces, est un de ces petits et vigoureux lascars en culotte courte, ceinture rouge et turban tricolore, joignant à toute la grâce africaine la coquetterie européenne.

Ce fier et chétif marmiton, à figure bronzée, âgé de quarante à quarante-cinq ans, qui a fait le tour de la France, de l'Italie, de la Tunisie et de l'Algérie, est d'une intelligence extraordinaire pour un Arabe; il parle le français et l'italien presque aussi bien que sa propre langue.

Ce cuisinier est tellement habile, qu'il est difficile de vous dire avec quelle grâce, quelle douceur, quelle délicatesse et quelle rapidité il fait son service ; il a le secret de faire manger quand on n'a plus faim, on goûte de ses mets parce qu'ils sont nouveaux ; on s'oublie vite, on devient charmant convive.

La meilleure qualité d'Aly (c'est également le nom du cuisinier), comme cuisinier, c'est qu'il est bon pâtissier. Pendant deux ans, il en a exercé la profession à Constantine.

Pendant le dîner, où tous les convives furent très-gais et très-joyeux, excepté M. Keifer qui regrettait encore de n'avoir pu aller à la pêche, je demandai au caïd et à M. Valle si tous les habitants de la tribu étaient satisfaits de leur partage, et comment ils avaient fait pour distribuer tant de terrain à tant de monde.

— « Ce n'était pas chose facile, me dit M. Valle ; mais nous n'en avons dépossédé d'une partie que ceux qui en avaient de trop, pour la donner à ceux qui n'en avaient pas assez ou qui n'en avaient pas du tout.

— Ceux-ci sont contents, mais ceux-là sont sans doute loin de l'être ?

— Certainement; mais il faut bien qu'ils acceptent, contents ou non, ce que j'ai fait.

J'aime à faire plaisir aux pauvres en leur rendant la justice, et pour cela, s'il me faut déplaire aux riches, comme je l'ai fait dans mon partage, je n'hésite nullement, d'autant plus que ceux-ci sont assez forts pour aller défricher les endroits incultes, et dans ces endroits je leur laisse la liberté d'en prendre à volonté.

— Voilà un bon moyen pour les exciter à défricher les terrains incultes.

— C'est aussi dans cette intention que je le fais.

Puis je fais mieux encore : celui qui laisse son champ sans le labourer pendant une année, je donne la liberté à l'un ou à l'autre de ses voisins de s'en emparer, en en prévenant le cheick et le cadhi (juge arabe).

— Très-bien! Telle est la loi dans tout le Japon; aussi, dans ce pays oriental, l'agriculture est très-avancée, on n'y voit aucun terrain inculte; il est à regretter qu'il n'en soit pas de même dans tous les pays.

— On ne voit guère de terrain non travaillé appartenant à la fraction de la tribu dont nous nous occupons, excepté dans les endroits presque entièrement arides.

— Les terrains n'appartiennent donc pas à vos administrés en particulier?

— Non, mon cher ami, ils ne possèdent aucun titre; toutes les terres appartiennent à la tribu en communauté, et tous ceux qui labourent paient au gouvernement français une redevance annuelle de cinquante-trois francs par charrue.

— Ce ne serait pas cher en France.

— Ce n'est pas cher ici non plus; mais j'espère que bientôt ils seront augmentés.

— Votre partage est-il entièrement terminé?

— Pas entièrement, il nous en reste encore quelques lots à répartir.

— Pour demain matin?

— Pour ce soir : les cheicks sont à côté, qui attendent. »

Aussitôt que nous eûmes fini de prendre le café, vers huit heures et demie, le caïd Aly, qui est regardé parmi les Arabes comme étant la providence de la tribu, ordonna de faire entrer les cheicks qu'il avait fait rester et qui étaient en repos dans la salle d'attente, pour leur faire la distribution des derniers lots.

Cinq grands et vigoureux gaillards entrèrent immédiatement, leurs burnous coquettement relevés sur l'épaule gauche.

Ces hommes, avec leurs longs, graves et splendides costumes, portaient sur leur personne je ne sais quoi qui inspire du respect et de l'obéissance.

Parmi eux, il y avait un vieillard presque nonagénaire, d'une bonne physionomie pour un âge si avancé.

Après le salut d'usage qui fut très-long, ces chefs s'accroupirent à la mode d'Afrique, les jambes en tailleur, sur une natte qui avait été disposée à leur intention.

La discussion fut très-animée, et elle dura longtemps; le caïd, après avoir entendu successivement chacun de ses subordonnés, s'aperçut qu'ils avaient chacun leurs protégés.

Pour les contrebalancer, M. Valle fit appeler les deux plus anciens habitants du douar voisin.

Aussitôt que ces deux anciens, portant de superbes barbes blanches, furent entrés et accroupis à la suite des cheicks, leur dos appuyé au mur, le caïd les questionna; et chaque fois que ces respectables vieillards prenaient la parole, tous les cheicks tournaient, avec un ensemble parfait, leurs yeux du côté de leurs adversaires, pour les reporter bientôt vers le caïd et attendre ainsi, avec impatience, le moment de reprendre leur narration en contradiction.

Un de ces deux respectables anciens tournait son corps à droite et à gauche, et agitait ses bras avec l'énergie d'un jeune homme ; tous ses mouvements étaient pleins d'action ; il exprimait, par ses paroles et par ses gestes, les sentiments de bonté et de respect, en mêlant sa voix la plus mâle aux gestes les plus significatifs.

Le partage ou plutôt la discussion ne se termina qu'à onze heures du soir.

Avant de congédier ses subordonnés, le caïd, d'après les instructions de M. Valle, leur recommanda sévèrement de veiller avec vigilance à ce qu'il n'y eût aucun passe-droit, ni aucune anticipation.

Puis, M. Valle ajouta : « Si quelqu'un se permet de dépasser les sillons de démarcation que j'ai fait tracer avec les charrues, prévenez le caïd sur-le-champ, qui enverra immédiatement l'anticipateur en prison, à Tébessa. »

Aussitôt que l'audience que je viens de décrire

fut terminée, un spahis, qui venait d'arriver de Tébessa, entra, et remit une lettre à M. Valle et une autre au caïd.

Ces deux lettres étaient du capitaine Senaux, chef du bureau arabe de Tébessa; elles contenaient des instructions nécessaires pour faire commencer dès le surlendemain les travaux par prestations, que les habitants de la tribu doivent exécuter sur leur territoire, dans le parcours de la route de Tébessa à Sous-Karras.

Voici un passage de la lettre du caïd, qu'il lut à haute voix :

« Chaque tente doit quatre journées de travail;
» à tour de rôle et journellement, un des cheicks
« y assistera pour faire travailler les ouvriers.
» Vous veillerez à ce qu'il n'y ait aucun passe-
» droit.

« Un ouvrier du génie tracera et dirigera le
» travail. Les outils seront conduits, pour le
» premier jour, sur les lieux, à dos de mulet. »

Il faut que toutes choses aient un commencement : c'est la première fois que les habitants de ces contrées sont taxés de prestations.

Il est à regretter qu'il n'en soit pas de même et plusieurs fois par année dans toute l'Algérie; au lieu de laisser les Arabes dormir et croupir pendant des saisons entières, ils s'habitueraient au travail, et ils se construiraient des voies de communication, dont le pays est entièrement dépourvu.

Dans les premiers temps, comme en France, lorsqu'on a commencé d'améliorer les chemins par prestation, ils se plaindraient; mais bientôt, comme on l'a vu des Français, ils en seraient enchantés.

Il est sans doute encore trop tôt; mais il faut espérer que cela aura lieu, car, dans la nature, chaque amélioration à l'égard du progrès et pour le bien-être de l'homme a son époque marquée.

Comme les Arabes ne sèment que du blé et de l'orge, et que, dans ce pays, ces deux espèces de grains se sèment et se récoltent aux mêmes époques, les habitants indigènes de la campagne ne travaillent environ que pendant trois mois de l'année.

Un mois pour les semailles, un mois pour les récoltes et un autre mois pour le dépiquage ; pendant les neuf autres mois, ces indigènes dorment nonchalamment, ou ils s'occupent frénétiquement de plaisirs.

A minuit moins un quart, M. Valle proposa d'aller nous coucher.

Sa proposition fut acceptée avec plaisir par chacun de nous.

Comme il n'y avait dans tout le bordj que les deux lits qui se trouvaient dans la salle à manger, M. Valle m'offrit gracieusement de partager le sien avec moi, et le caïd en fit autant à l'égard de M. Keifer.

L'un et l'autre, nous acceptâmes leurs offres avec plaisir, reconnaissance et nécessité.

En se couchant, le caïd nous dit :

— « Pourvu que les Ouled-Bouganem ne nous dérangent pas pendant notre sommeil !

— Oh ! oh ! est-ce qu'ils oseraient, dit M. Keifer ?

— Il faut nous y attendre à chaque instant, répondit M. Valle.

— A propos des Ouled-Bouganem, dis-je, j'ai rencontré dans mon ascension un bien drôle d'escadron de vos fiers cavaliers.

— Où allaient-ils, me demanda M. Keifer ?

— D'où je devenais, car je les ai vu suivre mes traces jusque sur le sommet de la montagne.

— C'est bien dans ces parages que je les ai envoyés, dit le caïd.

— Quelle sujétion, dis-je, pour vos pauvres administrés, d'être obligés de se garder ainsi toutes les nuits !

— Ce n'est pas une sujétion : bien au contraire, cela plaît beaucoup à ceux qui en sont chargés.

— Est-ce que tous ne le sont pas ?

— Non, mon cher ami ; il n'y en a que cent-vingt dans ma tribu, et chacun d'eux perçoit trente francs par mois pour ce service.

— J'ignorais qu'ils fussent rétribués ; mais alors la garde des frontières de toute l'Algérie coûte beaucoup d'argent au gouvernement français ?

— Pas un centime, attendu que cet argent est prélevé sur les centimes additionnels des contributions arabes.

— Il est minuit, dit M. Valle, et comme la fatigue est une puissante berceuse, j'espère bien dormir, malgré tout ce que nous avons dit des Ouled-Bouganem. Bonsoir, messieurs.

Chacun de nous se souhaita le bonsoir, puis le silence de la nuit régna.

RETOUR

Mon cher Père,

Le lendemain, je me levai dès le point du jour; lorsque je fus habillé, je sortis du bordj pour examiner le temps.

Il était beau, le ciel était pur, tout promettait une belle journée.

Dans toutes les directions et sur tous les coteaux, le sol était déjà couvert d'Arabes labourant ou allant labourer.

Combien sont curieux et comiques ces pauvres agriculteurs allant à leur besogne, en croupe sur leurs chevaux et tenant devant eux, en travers, leurs frêles charrues.

Cette vue si intéressante pour moi, qui me rappelait mon premier métier, me fit passer mon malaise matinal et me rendit la gaîté de la veille.

Après être demeuré ravi en extase pendant un moment, j'allai visiter mon cheval.

Personne n'avait encore songé à lui, attendu que dans le bordj tout le monde dormait, excepté lui et moi.

Je fis lever le garde d'écurie, puis je lui ordonnai de soigner ma monture ; ensuite je retournai auprès de mes trois camarades de lit, ils étaient encore couchés.

Ils avaient si bel et bien dormi, qu'ils eurent toutes les peines du monde de s'arracher du lit.

Pendant que mes trois dormeurs s'habillèrent,

je ressortis une deuxième fois de l'établissement hospitalier, pour admirer toutes les charrues sillonnant la terre pendant le lever du soleil qui était des plus beaux et des plus radieux.

Lorsque j'eus fini le tour de la petite et faible forteresse isolée, résidence que les Kabiles appellent la prison, le bon cuisinier de la veille vint me prévenir que le café était servi.

Pendant que nous prîmes ce bienfaisant breuvage, indispensable en Afrique, je demandai au caïd si nous pouvions prendre une autre direction que celle par laquelle nous étions venus, dans la traversée des montagnes.

— Il y a un autre passage, me répondit-il; mais il est long, périlleux et difficile, surtout pour ceux qui ne l'ont pas encore parcouru.

— Tant mieux : il n'en est sans doute que plus fantastique, et, comme j'aime les sites bizarres, nous marcherons à l'aventure s'il le faut.

— Alors, puisque vous voulez absolument retourner par ce passage dangereux, je vais vous faire accompagner jusqu'à ce que vous soyez en vue de Tébessa. »

Mais M. Keifer indiqua un défilé en zig-zag, rapide, pierreux et suspendu au flanc abrupte d'une montagne entièrement décharnée, par lequel il avait déjà traversé la chaîne de montagnes en allant à la pêche.

Le caïd m'ayant dit que c'était bien par ce passage qu'il allait nous faire conduire, je le remerciai infiniment de ses bonnes intentions, en lui disant : « Puisque M. Keifer connaît ce sentier, et quoiqu'il soit difficile, laissez travailler vos austères et vaillants agriculteurs. »

Avant de partir, je passai à la cuisine pour revoir et féliciter l'adroit cuisinier qui nous avait préparé la veille un repas si copieux et si splendide, et pour lui toucher la main en lui glissant un souvenir.

A sept heures et demie, je me mis en selle,

puis je quittai mes bons hospitaliers avec force remercîments et serrements de mains.

Pendant une demi-heure, nous voyageâmes avec facilité et vitesse; mais M. Keifer, qui m'avait inspiré toute confiance et auquel j'avais donné carte blanche pour me diriger, ne reconnut pas l'entrée du défilé que nous devions prendre pour nous engager dans les montagnes.

Nous avions suivi jusqu'alors un petit sentier frayé par les chèvres et les pâtres; mais, arrivés au pied d'un escarpement de ravin semblable à une arête de poisson, le sentier n'existe plus, et M. Keifer s'arrêta tout ébahi.

Il fallut que nous retournassions sur nos pas; heureusement que nous rencontrâmes bientôt deux petits bergers qui gardaient leurs troupeaux paissant et broutant les quelques pointes de dys qui se montrent çà et là, mais rarement dans les anfractuosités des ossements de la nature.

Ces deux jeunes pâtres, couverts de quelques lambeaux de vieux burnous, eurent la bonté et l'obligeance de nous reconduire sur le petit sentier qui avait échappé à notre vue.

La rencontre de ces deux petits êtres complaisants dans ces lieux, quelque chétifs qu'ils soient en eux-mêmes, repose les yeux du touriste, fatigués de la monotonie du paysage environnant.

Puis nous suivîmes une pente raide et abrupte, des plus curieuses, que nous cotoyâmes ainsi pendant un quart-d'heure; puis enfin, il fallut nous faufiler, pour ainsi dire, dans un cratère.

Il est impossible de voir un site plus aride, un pays plus abrupte, plus rocheux et plus bouleversé; je n'avais pas assez de mes deux yeux pour satisfaire ma curiosité.

Quelques troupeaux de chèvres nous apparaissaient cependant encore de loin en loin parmi ces rochers bouleversés.

Nous ne pouvions plus nous écarter de notre direction dans ce défilé qui se resserre ou mieux qui est resserré de plus en plus entre des montagnes semblables à des arêtes de baleine, et où de gros blocs détachés par les intempéries rendent le passage excessivement pénible et dangereux.

Plusieurs fois, M. Keifer me disait : C'est ici où les chevaux tombent, il faut mettre pied à terre, et il le faisait.

Comme j'étais supérieurement monté, je lui répondais : « Ces endroits sont difficiles, même périlleux ; mais, malgré tout, je reste sur ma monture, attendu que j'ai toute confiance dans mon cheval et que je serais plus exposé de tomber moi-même, si je quittais ma selle.

» Vous oubliez sans doute que nous avons de véritables chevanx arabes de la plus pure race de la Numidie et qu'ils ne savent tomber nulle part. »

Ces lieux, mon cher Père, sont à la fois intéressants, curieux, tristes, laids et épouvantables; il me faut aussi renoncer à vous faire la description de leur forme et de leur désolation.

Cependant nous vîmes un rocher entièrement isolé, surmonté de cinq flèches des plus remarquables, d'une grande hauteur et d'une grosseur colossale, et que les Arabes appellent la Main; ces indigènes l'ont bien nommé, car ce massif de granit représente réellement une main, les cinq doigts en l'air.

Au pied de cette masse curieuse, il jaillit un peu d'eau d'une petite fissure où nos chevaux purent se rafraîchir ainsi que nous-mêmes.

Au moment où nous nous arrêtâmes près de cette petite fontaine pour faire boire nos animaux, je vis poindre derrière le rocher l'extrémité d'un long fusil, puis s'allonger doucement une tête bronzée, avec de grands yeux gris enfoncés et de grandes dents blanches et serrées, couverte d'un capuchon de burnous, puis tout le corps d'un Arabe aux bras et aux jambes nus.

Sans doute, cet indigène solitaire, en nous voyant arriver, avait eu peur, il craignait que nous ne fussions venus pour le surprendre, et il s'était caché d'abord, puis il s'était mis sur la défensive en se dressant graduellement devant nous et en tenant son arme dans les mains.

Voyant cet être vivant se tenant immobile en se crispant les lèvres, cela me produisit une impression profonde.

Après nous être regardés l'un et l'autre pendant un instant sans rire, sans sourciller et sans bouger, avec un maintien qui tenait presque du respect, mon impression se calma.

De son côté, l'Arabe, revenu sans doute de sa frayeur, s'accroupit et se mit à grignotter un morceau de galette.

On est content, dans ce pays de la soif, de rencontrer un peu d'eau; si celle-ci ne donne pas de verdure, elle améliore la vie des animaux et produit la gaîté chez les hommes.

Puis nous longeâmes le petit filet d'eau que cette naïade forme et qui est accidenté de crevasses et de petits gouffres où l'eau tombe, disparaît un instant pour reparaître un peu plus loin.

Il me semblait voir, parmi ces grandioses et pittoresques sauvageries, dans ce peu d'eau qui désaltéra nos chevaux, les larmes ruisselantes de la nature désespérée, pleurant sa nudité et son défaut de terre végétale, puis, dans la dentelure hérissée de ses arêtes, ses grincements de dents.

Nous chevauchâmes pendant deux heures, mais sans faire beaucoup de chemin, dans cet aspect sauvage, dans ces crevasses de granit, sans y apercevoir ni de près ni de loin le moindre grain de terre ; et nous nous abandonnions totalement à l'instinct de nos montures, la bride tombée sur le col.

Vouloir conduire sa monture dans ces lieux où la semelle de l'homme n'a aucune solidité, là où les chevaux français se seraient brisé les membres, tandis qne les nôtres ne bronchèrent même pas, et vouloir les conduire, serait pure folie.

Je ne sais rien, en vérité, mon cher Père, de plus hardi que le voyage que nous faisions dans ce site infernal, qui cependant était pour moi plein de charme; je fus bien étonné qu'il se terminât sans que nous ayons payé notre audace par quelque grande catastrophe.

Le sentier que nous suivions était si étroit, qu'à peine si nos chevaux y trouvaient assez de place pour y placer leurs pieds.

C'était quelque chose de merveilleux que la façon que nos montures employaient pour descendre et tourner autour des ossements du globe et des précipices.

Enfin nous aperçûmes quelques rares arbres égarés, tout fourchus, tout noueux, tout tordus;

l'un penche de ci, l'autre de là ; puis quelques troncs d'arbres, cadavres de ces espèces de forêts d'Afrique, couchés par terre et à moitié pourris : ils étaient cependant pour nous de bon augure, car ils nous présageaient de la terre végétale.

Bientôt après, nous nous trouvâmes au pied d'un mamelon conique, à pente régulière, couvert de quelques arbustes et d'un léger gazon.

Nous le gravîmes en trottinant par moment, et lorsque nous fûmes sur son sommet, la grande plaine de Tébessa se déroula devant nous dans toute sa longueur. Il était onze heures un quart.

J'avais encore dans ma poche une petite bouteille couverte en osier, pleine de vin, laquelle je n'oublie jamais dans mes voyages et que je ne vide que lorsque le grand besoin m'y oblige, ou lorsque je suis certain que plus tard son contenu ne me sera plus d'une grande utilité.

Nous pûmes donc là nous rafraîchir avec le

divin jus de la treille et avec une magnifique et énorme grenade que M. Keifer avait conservée et que nous partageâmes en trois.

Après nous être ainsi rafraîchis, nous admirâmes pendant un instant la ville de Tébessa avec ses antiques remparts tout ébréchés, flanqués de ses quatorze tours carrées, avec son minaret et sa mosquée qui la font remarquer au loin.

Ensuite nous réenfourchâmes chacun notre cheval, et nous descendîmes, mais lentement, le sentier raboteux qui nous conduisait dans la plaine, dont le sol, durant les sécheresses, se durcit comme la pierre, se fend et se découpe en profondes crevasses, et alors tout y sèche, tout y brûle ; mais en revanche, pendant la saison des pluies, son sol inondé se détrempe et se transforme en bourbier.

Mon cher Père, que de belles choses j'aurais encore à vous raconter ; mais permettez-moi de finir ici ma curieuse Excursion.

Nous longeâmes la plaine au grand galop de nos chevaux, en nous dirigeant tout droit, sans chemin ni sentier, sur la ville de Tébessa, et à une heure, nous y rentrions par la porte de Constantine.

Je viens de vous raconter, mon cher Père, toutes les impressions saillantes que j'ai éprouvées dans cette excursion, depuis mon départ de Tébessa jusqu'à ma rentrée : ce que j'ai vu, ce que j'ai appris, ce qui m'a frappé, où j'ai couché, mes repas, mes fatigues et le beau temps que nous avons eu.

J'ai l'espoir que toutes ces choses vous offriront quelque intérêt, surtout que je vous les dépeins autant qu'il m'est possible fidèlement et conformes à la réalité.

Heureux si ces impressions vous sont agréables et si le hasard veut, mon cher Père, qu'un jour une personne de vos nombreuses connaissances aille dans ce pays ; elle reconnaîtra et elle pourra vous raconter l'exacte vérité de ce que je viens de vous dire.

Cette ancienne province de la Numidie n'est qu'un vaste et splendide amphithéâtre de côtes, de collines, de montagnes, de plateaux et d'immenses plaines, occupé par un peuple barbare qui ne se révélait anciennement que par l'insolence de ses pachas, arrêtée par l'occupation française.

A. GUICHARD.

TABLE

Châlons, imp. T. Martin.

www.ingramcontent.com/pod-product-compliance
Ingram Content Group UK Ltd.
Pitfield, Milton Keynes, MK11 3LW, UK
UKHW021111200726
13857UKWH00003B/1180

9 782011 777942